奇妙动物
★ 的 ★
屁屁之谜

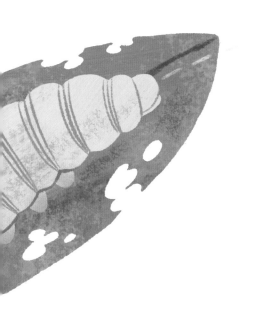

奇妙动物

★ 的 ★

屁屁之谜

[美] 乔斯琳·瑞什 著
JOCELYN RISH

[新西兰] 大卫·克雷顿-佩斯特 绘
DAVID CREIGHTON-PESTER

熊远梅 译

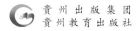

贵州出版集团
贵州教育出版社

图书在版编目（CIP）数据

奇妙动物的屁屁之谜 / (美) 乔斯琳·瑞什著；
(新西兰) 大卫·克雷顿–佩斯特绘；熊远梅译. -- 贵阳:
贵州教育出版社, 2023.10
书名原文: BATTLE OF THE BUTTS
ISBN 978-7-5456-1606-4

Ⅰ.①奇… Ⅱ.①乔…②大…③熊… Ⅲ.①动物—
儿童读物 Ⅳ.①Q95-49

中国国家版本馆CIP数据核字(2023)第199252号

著作权合同登记号　图字：22-2023-112

QIMIAO DONGWU DE PIPI ZHI MI
奇妙动物的屁屁之谜

[美]乔斯琳·瑞什 著　　[新西兰]大卫·克雷顿 – 佩斯特 绘

熊远梅　译

出 版 人：赵玲宇　　　　　　　　选题策划：北京浪花朵朵文化传播有限公司
出版统筹：吴兴元　　　　　　　　责任编辑：曹　梅
特约编辑：秦宏伟
封面设计：墨白空间·闫献龙
出版发行：贵州教育出版社
地　　址：贵阳市观山湖区会展东路 SOHO 区 A 座
印　　刷：雅迪云印（天津）科技有限公司
版　　次：2023 年 10 月第 1 版
印　　次：2023 年 10 月第 1 次印刷
开　　本：1000 毫米 × 1194 毫米　1/16
印　　张：3
字　　数：30 千字
书　　号：ISBN 978-7-5456-1606-4
定　　价：70.00 元

致乔伊斯、罗伯特、布赖恩，以及乔安娜——总是
在我身后支持我的爱臀家族。

——乔斯琳·瑞什

献给劳雷尔、乔尔，以及埃洛伊斯。

——大卫·克雷顿 – 佩斯特

欢迎来到

奇妙动物的屁屁世界！

屁屁很搞笑，但它们也有大用处。

你现在大概正用它坐着呢。

人类的屁屁主要有两个用途——坐和排便。

大多数动物的屁屁也都如此。然而，有一些动物让它们的屁屁进化出了许多让人意想不到的用途。

有些动物用屁屁保护自己，有些动物用屁屁交流，有些动物甚至用屁屁呼吸！

既然屁屁有如此多的妙用，那么问题来了：谁的屁屁最棒呢？

这个就得你说了算啦——只有你才能为这个问题提供答案。

当各位选手登台亮相，向你介绍它们的屁屁后，由你来对它们的屁屁评级：

你可以根据你最看重的条件来评级——这些选手的屁屁力量是否够强？它们的屁屁技能是否奇特？

又或者它们的屁屁技能是否能让你发笑？按什么条件评级，取决于你！

完成对所有选手的评级后，由你来为"屁屁之王"加冕。

做好准备，走进这个奇妙的屁屁世界！

选手

1

屁墩墩

选手简介

海牛！

体长： 8 英尺~13 英尺（约 2.4 米~4.0 米）

体重： 440 磅~1300 磅（约 199.6 千克~589.7 千克）

分布范围： 南北美洲东部，西非热带
和亚热带的河流及沿海水域

屁屁技能： 通过放屁来游泳

"噗！"放屁时，随着体内气体的释放，你多半会觉得一阵轻松。而对海牛来说，这种释放气体的过程很重要，因为放屁可以帮助它们在水中升降。当它们想上升至水面时，就憋住屁；当它们想下沉时，就放出屁！

你的脑海里是不是会浮现出一头海牛在水里飞快游过的画面，就好像它们屁屁上安了个喷气发动机？如果真是那样，那可太棒了！但其实海牛游泳时的动作非常缓慢，因为它们只是通过放屁来改变自身受到的**浮力**。如果你想在下次游泳时亲自尝试一下"屁泳"的话，很可惜，你根本办不到。海牛和人类不同，它们进化出了非同一般的能力，能放出很大很大的屁。

首先，它们会吃很多很多食物。你知道一个人要放出很大很大的屁需要吃掉多少像花菜、西蓝花或大豆这样的食物吗？看看海牛吧，它们每天进食 6~8 个小时，会吃掉 60 磅~200 磅（约 27.2 千克~90.7 千克）的水草、海藻或红树林树叶。这些食物的重量相当于它们自身体重的 1/10！消化这些食物会产生大量气体，为它们放屁提供充足的储备。

海牛需要将这些气体全都存储起来，以便随时控制身体在水中上下沉浮。幸好它们有长约 150 英尺（约 45.7 米）、直径约 6 英寸（约 15.2 厘米）的巨型肠道。这条肠道比 2 条保龄球道加在一起还要长，差不多有一美元钞票的长度那么宽。想想看，这海牛的大肚子里装的气体可真多啊！

屁能拓展。你的大肠长约 5 英尺（约 1.5 米）、直径约 3 英寸（约 7.6 厘米）。如果这是一场大肠争霸赛的话，海牛会让你相形见绌。

海牛还拥有不寻常的**膈**——比许多哺乳动物的膈更长、更有力。在这个超级膈的帮助下，气体被推向身体的前端或后端。当气体被推向身体前端，海牛就上升；当气体被推向后端，随着一串气泡在身后冒出，海牛便得以下沉。

屁屁趣闻

当海牛因为便秘无法排便，它们就会失去控制浮力的能力。这时它们会将尾鳍抬高，超过身体其他部分，以这种姿势浮动。一旦能正常排便，它们会放出一个巨大的屁，然后就又能控制浮力，正常游泳啦。

借助屁让自己浮起来，这项技能你觉得怎么样呢？你准备在屁屁争霸赛中如何评价海牛的屁屁呢？

😋 至尊屁屁　　😄 非凡屁屁　　😎 酷炫屁屁　　😐 常规屁屁　　😒 乏味屁屁

选手

2

屁坚强

选手简介

袋熊！

体长： 28 英寸~47 英寸（约 71.1 厘米~119.4 厘米）

体重： 32 磅~80 磅（约 14.5 千克~36.3 千克）

分布范围： 澳大利亚的森林和草原

屁屁技能： 屁屁即护盾

袋熊属于**有袋目袋熊科**，跟它们的表亲袋鼠和考拉一样，一副呆萌可爱的样子，让人想去抱一抱。但袋熊更像中世纪的骑士，它们会用屁屁当盾牌，保护自己，同时消灭敌人。

袋熊是挖洞专家。它们会挖出地洞和隧道，生活在地下，到了晚上会冒险出来觅食。如果遇上袋獾或澳洲野狗这样的掠食者，它们便会跑回地洞。幸好，它们不像看起来那样笨拙，跑得还算快。依靠粗粗的小短腿，它们冲刺时的速度能达到25英里/小时（约40.2千米/小时），超过奥运会短跑运动员了。当它们抵达地洞，便会一头扎进去，同时用丰满宽阔的屁屁堵住入口，阻止追兵。

不用担心，掠食者对着袋熊的屁屁是无从下嘴的。不信的话，它们大可以试试。袋熊拥有超级坚硬的屁屁，由4块融合的骨板组成，骨板上还覆盖着数层**软骨**以及厚实的皮毛。这样的防护可谓是真皮盾牌。袋熊将它们的屁屁作为盾牌，用以保护身体其他较脆弱的部分以及地洞里的同伴。即使掠食者对着它们的屁屁又抓又咬，也不会造成太大损伤。

屁能拓展。袋熊也有尾巴，但小得几乎看不见，所以它没有任何"把柄"会落到掠食者手里，也不会被掠食者拖出地洞。

这样如同盾牌一样坚不可摧的屁屁，袋熊除了用于防御，还会当作武器用。如果你在电影里看过骑士对决，那你可能会注意到他们的盾牌可不只用来抵挡对方手里的剑，还是进攻的武器，可以用来伤敌。袋熊在保卫洞穴时也会用屁屁盾牌伤敌。如果掠食者非要把头挤进地洞，袋熊便会借助它们结实的腿，用屁屁狠狠撞向敌人的脑袋。"嘭！"掠食者的头就这样被撞破了。这真是一个夺命屁屁啊！

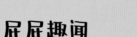

屁屁趣闻

袋熊的粪便都是方块状的！它们在石头和树桩上拉出这样奇特的方块便便，是为了不让这些便便滚落到地上，从而标记自己的领地。它们每天晚上会制造80到100坨方块便便来告诉同类不要靠近。

这样的盾牌屁屁你觉得怎么样呢？你准备在屁屁争霸赛中如何评价袋熊的屁屁呢？

| 😋 至尊屁屁 | 😄 非凡屁屁 | 😎 酷炫屁屁 | 😕 常规屁屁 | 😣 乏味屁屁 |

9

选手

3

屁呼呼

选手简介

菲茨罗伊
河龟！

体长： 10 英寸（约 25 厘米）

体重： 4.4 磅~5.5 磅（约 2.0 千克~2.5 千克）

分布范围： 澳大利亚昆士兰菲茨罗伊地区的河流和小溪

屁屁技能： 用屁屁呼吸

"阿嚏！"假如你用你的屁屁呼吸，那刚刚这一下到底是打喷嚏，还是放屁呢？好吧，其实菲茨罗伊河龟倒也不是真的用它们的屁屁呼吸空气，所以也就不存在什么喷嚏屁了。事实上，这种乌龟的屁屁呼吸类似于鱼儿用**鳃**呼吸，菲茨罗伊河龟靠它们的屁屁从水里获取氧气。

获取氧气的第一步，菲茨罗伊河龟会将水泵入屁屁，接着屁屁部位的滑囊会接触到水。滑囊很大，上面有许许多多的血管，类似于鱼鳃上的微血管，能够让水中的氧气进入血液。

屁能拓展。爬行动物、鸟类以及两栖动物在屁屁位置都有一个孔洞，用来排大小便和产卵。这个孔洞被称为泄殖腔。因此，这种乌龟的屁屁呼吸还有一个专门的术语，叫作泄殖腔呼吸。

菲茨罗伊河龟依旧是靠肺呼吸空气，但也会用屁屁获取氧气，以延长在水下停留的时间。尽管很多种类的乌龟都会用屁屁获取氧气，但菲茨罗伊河龟是个中翘楚。它们通过屁屁获得的氧气可以达到身体所需的 70%，这就意味着它们能在水下待的时间比其他乌龟都要长，可以长达数天乃至数周。有记录的最长时间达到了 3 周！

屁屁趣闻

这种乌龟只在澳大利亚的菲茨罗伊地区的河流附近才能找到，它们也因此而得名。就因为它们只生活在这一地区，又能长时间待在水下，所以很晚才被科学家发现。根据它们不寻常的呼吸方式，澳大利亚人给它们起了一个昵称："屁呼呼"。

这种用屁屁获取氧气的技能你觉得怎么样呢？你准备在屁屁争霸赛中如何评价菲茨罗伊河龟的屁屁呢？

😃 至尊屁屁　　😄 非凡屁屁　　😎 酷炫屁屁　　😑 常规屁屁　　😒 乏味屁屁

选手

4

屁语者

选手简介

鲱鱼！

体长: 8英寸~15英寸（约20.3厘米~38.1厘米）

体重: 7盎司~10.5盎司（约198.4克~297.7克）

分布范围: 北太平洋和北大西洋海域的温带浅水区

屁屁技能: 用屁交流

想象一下这个场景：你最好的朋友正在教室调皮捣蛋，完全没有发现老师已经来到身后。你想向他们发出警报，但又不想被老师察觉。那放个屁来提醒他们怎么样？如果你是一条鲱鱼，你就能这么干了！这种银色的小鱼通过放屁跟同伴交流，它们的屁听起来就像是尖锐的嗒嗒声。

鲱鱼是群居性鱼类，它们大量聚集在一起形成鱼群。一个鱼群有数百万条鲱鱼，它们在一起互助捕食，共同御敌。为了维持规模如此庞大的队形，它们通过近旁同伴银色鱼鳞反射的光线来确保它们处在正确的位置上。但这只在白天才能奏效。

那夜晚它们该如何保持队形呢？放屁！科学家注意到鲱鱼只在天黑后才放屁，据此推断鲱鱼通过放屁让同伴知晓自己的位置从而保持队形。"噗——！嘿，兄弟，你离我太近了，往右边去个几厘米。"要是有朋友在你旁边放屁，难道你不会离远些吗？

鲱鱼听力极好，能听到的声音**频率**比我们人类高很多。当然，它们无法与狗相提并论。它们的高频屁声就像密码，只有它们自己能听到，掠食者根本听不到。所以它们之间的"屁语"也不会暴露鱼群的位置。

不过，鲱鱼屁跟我们的屁不一样。我们放屁是因为消化过程中产生了气体，而鲱鱼会在水面吞入空气存进**鱼鳔**。当它们需要呼唤同伴时，便通过屁屁排出空气。

屁能拓展。研究鲱鱼屁的科学家还给这种屁声起了个名字，叫"快速重复的嗒嗒声"，英文简称为"FRT"。

屁屁趣闻

鲱鱼屁差点让瑞典和俄罗斯两国爆发冲突！瑞典军方总听到水下有类似煎培根时发出的嗒嗒声。他们认为这种声音来自闯入瑞典海域的俄罗斯潜艇。两国关系一度十分紧张。幸好，科学家指出这些声音其实是鲱鱼的屁声，两国才没有因此而开战。

这些絮絮叨叨的屁语者你觉得怎么样呢？你准备在屁屁争霸赛中如何评价鲱鱼的屁屁呢？

😋 至尊屁屁　　😄 非凡屁屁　　😎 酷炫屁屁　　😶 常规屁屁　　😫 乏味屁屁

选手

5

屁炮手

选手简介

射炮步甲！

体长： 0.079 英寸~1.18 英寸（约 0.2 厘米~3.0 厘米）

体重： 0.0045 盎司~0.015 盎司（约 0.13 克~0.43 克）

分布范围： 除南极洲以外的六大洲的温带森林和草原

屁屁技能： 从屁屁喷射沸腾的毒液

一只射炮步甲小心翼翼地在树叶间溜达，一支由上百名成员组成的蚂蚁军团朝它袭来。形势看起来对这只甲虫很不利。接着，咻！咻！咻！只见射炮步甲扭着屁屁，朝着四面八方的蚂蚁喷出一阵滚烫的化学液体，将这群蚂蚁一网打尽。就在蚂蚁们懊悔不该动心思吃射炮步甲时，它已趁乱逃走了。

射炮步甲是怎么把它们的屁屁变成一个装满滚烫液体的水炮的呢？它们将不同的化学物质分别存储在腹部尾端的几个独立区域。当它们感到危险，便会将这些化学物质混合引发爆炸反应。这有点像科学展上所做的将醋和小苏打倒入一个火山模型来模拟火山爆发的实验，只不过射炮步甲的"火山"是真的烧起来了。

射炮步甲的腹部尾端有两个开口的腺体。每个腺体分别有两个"房间"。大房间用来存储燃料，是过氧化氢混合物（就是家里大人们在清洗小创口时可能会用到的东西）和另一种叫作对苯二酚的化学物质。小房间紧邻腹部尾端，被称作反应室，里面有一种特殊的**酶**，一接触燃料便会像火柴那样被点燃。两个房间由一个**瓣膜**隔开，这样平时两边的化学物质就不会混在一起。

当射炮步甲感觉受到威胁时便会通过瓣膜将一些燃料挤入反应室，嘭！化学物质混合，各种刺激的事便发生了。首先，混合后的化学物质会形成新的化学物质，这种物质会刺激眼睛和呼吸系统。其次，这种物质的温度会升至 212 华氏度（100 摄氏度），正好是水的沸点。哇哦！然后，这种物质会在反应过程中产生压力。最后，伴随着砰的爆炸声，灼热的混合物便从射炮步甲的屁屁中喷涌而出。

这一切发生得非常快。射炮步甲每秒平均喷射 500 次，喷射出的液体速度能达到 22 英里/小时（约 35 千米/小时）。不仅如此，射炮步甲有非常好的准头，这让它们拥有更大的杀伤力。而且射炮步甲的屁屁能 270 度旋转，这让它们的滚烫喷雾几乎能应对来自各个方向的袭击者。它们甚至可以将尾部旋转向上，让喷雾抵御前方敌人的进攻。

屁能拓展。对射炮步甲而言，百发百中很重要，因为腺体里的化学物质只够它们连续进行 20 次爆破反应。

屁屁趣闻

大多数情况下，射炮步甲会在被对手吞进肚前展开防御，但是青蛙的弹舌速度超级快。如果射炮步甲被青蛙吞下，它会在青蛙肚子里引爆屁屁炸弹。这种情况下青蛙会把射炮步甲活生生地吐出来！日本科学家就青蛙吞食射炮步甲进行了实验，他们能听到青蛙胃里发出的射炮步甲释放化学物质的爆炸声。在 43% 的案例中，青蛙会在 12~107 分钟的时间内开始呕吐。这时射炮步甲和青蛙都会安然无恙。只是有了这么恶心的遭遇后，双方都只想快点分道扬镳。

这么一个水炮屁屁你觉得怎么样呢？你准备在屁屁争霸赛中如何评价射炮步甲的屁屁呢？

至尊屁屁　　非凡屁屁　　酷炫屁屁　　常规屁屁　　乏味屁屁

选手

6

屁屁射手

选手简介

银斑弄蝶的
幼虫！

体长： 1.38 英寸~2 英寸（约 3.5 厘米~5.1 厘米）

体重： 0.018 盎司~0.03 盎司（约 0.51 克~0.85 克）

分布范围： 加拿大南部至墨西哥北部的
森林、湿地及灌木丛边缘

屁屁技能： 屁屁即便便弹射器

想象一下，你正舒舒服服地躺在一条温暖的毯子里，这条毯子还可以供给你好吃的零食，你都不用起身觅食，你可以永远这样待着！但有一个问题：你还是得去方便。但如果你是一只银斑弄蝶的幼虫，你只需要将屁屁伸到毯子外面，尽情发射就行啦。银斑弄蝶的幼虫能将它们的便便射出虫身长度的38倍远。在一次研究中，一只1.5英寸（约3.8厘米）的幼虫将一颗便便射出了5英尺（约1.5米）远！

屁能拓展。 银斑弄蝶的幼虫的粪便可以被称为飞速便便，因为这些跟彩虹糖一般大小的便便的飞行速度能达到4.3英尺/秒（约1.3米/秒）。

这些小家伙是怎么把它们的便便射这么远的呢？在拉便便时，它们尾部的血压会升高。便便落到屁屁里的肛板上，此时尾部的血压还在升高。当压力达到峰值，便便会猛地冲向肛板，肛板将便便排出，就像拍击打出网球那样。啪——便便在空中划过。

银斑弄蝶的幼虫之所以要将便便射出老远，是为了躲避掠食者的追踪。在变成蝴蝶前，银斑弄蝶的幼虫都生活在它们用树叶做成的居所里。它们找到一片树叶，将叶片边缘向下翻折，吐出丝将两瓣叶片黏合，"叶片堡垒"便建成了。这些叶片能让它们躲开掠食者的视线。银斑弄蝶的幼虫有时也出来觅食，但大多时候它们会回到自己的小窝里大快朵颐。

不过，有些掠食者，比如黄蜂，会通过粪便来寻找它们。如果幼虫们将屁屁伸到"堡垒"外面，把便便随意留在"堡垒"门口，那黄蜂就能循着气味找到它们家的大门啦。它们把便便扔远些，就是在误导黄蜂，给黄蜂指个错误的方向。它们还会将便便抛向四面八方，让便便不至于堆积在一处暴露自己的位置，从而让黄蜂摸不着门。

屁屁趣闻

银斑弄蝶的幼虫抛出去的这些便便后来都怎么样了呢？这些便便会被蚂蚁用来培育食物！目前科学界认为有200多种蚂蚁会培育真菌。它们不去收集食物，反倒成了小小农夫。它们将各种肥料带回巢穴，培育真菌，供群体成员食用。其中一种用来培育真菌的肥料就是昆虫幼虫的便便。

这样一个便便弹射器你觉得怎么样呢？你准备在屁屁争霸赛中如何评价银斑弄蝶幼虫的屁屁呢？

😄 至尊屁屁　　😀 非凡屁屁　　😎 酷炫屁屁　　😕 常规屁屁　　☹️ 乏味屁屁

选手

7

屁夺命

选手简介

鳞蛉的幼虫!

体长: 0.048 英寸~0.16 英寸(约 0.12 厘米~0.41 厘米)

体重: 0.0000025 盎司(约 0.00007 克)

分布范围: 北美洲的温带地区

屁屁技能: 它们放的屁很致命

现在是真心话时间。坦白说，你有没有对着别人放过屁，比如你的姐妹、兄弟，或者好友？好吧，是有点恶心，但起码不像鳞蛉的幼虫放屁那样危险，它们放出的屁可是要命的！

好在，这些毒屁只对一种生物——白蚁有杀伤力。当鳞蛉还是**幼虫**时，它会住在白蚁穴中。要是饿了，它便会靠近一只白蚁，对着这只白蚁的脸挥动它的屁屁。这时白蚁什么反应呢？大概会说："伙计，这很不礼貌。"不过，白蚁不会像我们一样，遇到有人朝我们放屁会尖叫着跑开。一开始，它根本没有反应。但过了 1~3 分钟，这只白蚁就会被毒屁麻痹而倒下。

这种麻痹状态会持续 3 个小时，这让鳞蛉的幼虫有充足的时间享用白蚁。鳞蛉的幼虫可以说是非常骇人的，除了致命的毒屁外，它们的进食方式跟蜘蛛一样可怕。它们的嘴非常尖，像根吸管。它们用这根管子将消化酶注入白蚁体内，将白蚁的内脏溶解成黏糊糊的液体，再像喝奶昔那样一股脑地吸掉。即便鳞蛉的幼虫在放出迷魂毒屁后临时改变主意不吃这只白蚁，白蚁也无药可救。经过 3 个小时的麻痹，它必死无疑。

屁能拓展。 随着鳞蛉的幼虫越来越大，它们一个屁能放倒的白蚁数量也越来越多——最多一次能干掉 6 只白蚁！

虽然鳞蛉的幼虫放出的气体对白蚁是致命的，但对其他生物倒是没有影响。科学家让鳞蛉的幼虫对着其他昆虫（比如苍蝇、黄蜂，还有虱子）放屁，它们都毫发无伤，只是觉得有些被冒犯而已。

那么，是什么让鳞蛉的幼虫造出了这样致命的气体呢？目前科学家也解释不清楚。最初研究鳞蛉行为的人员没有对鳞蛉的幼虫制造的化学物质进行分析，后来也没有相关的研究。看来，是时候开展新的研究，揭晓鳞蛉的幼虫的屁为何如此致命的秘密了。

屁屁趣闻

除了神秘的夺命屁，关于鳞蛉的消化系统还有一件奇事——它们只有到了成虫期才会排便！当鳞蛉还是幼虫时，它们的肠道并没有连通全身。中肠和尾肠是分开的，所有的排泄物都存在中肠。只有完成**变态**发育蜕变成成虫后，肠道才会最终连接，它们才能第一次排便。你能想象你要等到 18 岁生日那天才能拉出你人生第一坨便便的感受吗？

能这样悄无声息地放出一个致命毒屁你觉得如何呢？你准备在屁屁争霸赛中如何评价鳞蛉幼虫的屁屁呢？

😋 至尊屁屁　　😀 非凡屁屁　　😎 酷炫屁屁　　😐 常规屁屁　　😣 乏味屁屁

选手

8

沙滩迷

选手简介

鹦嘴鱼！

体长：1英尺~4英尺（约0.3米~1.2米）

体重：最重达45磅（约20.4千克）

分布范围：全球热带及亚热带浅水水域

屁屁技能：用屁屁建沙滩

想象一下，你正站在一处温暖的热带海滩上，四周都是美丽的白沙。海浪拍打着沙滩，你将脚趾插进这软软的、暖暖的……便便里！没错，这片白色沙滩上的沙子大部分都是鹦嘴鱼的便便。你觉得用这些便便建个沙堡如何呢？

屁能拓展。不是所有的沙滩都是鹦嘴鱼的便便组成的。许多沙滩是由岩石和石英风化成的沙子形成的。但是，如果正好是临近珊瑚礁的白色沙滩，就像夏威夷和加勒比海的海滩一样，那这片沙滩就很有可能是鹦嘴鱼的贡献。据说，马尔代夫的一些珊瑚岛，岛上 85% 的沙滩都是鹦嘴鱼的便便。

这份沙滩惊喜还要归功于鹦嘴鱼的日常饮食。鹦嘴鱼以海藻、**珊瑚虫**，以及珊瑚礁里外的细菌为食。一些鹦嘴鱼从珊瑚上刮取海藻和细菌；另一些则咬掉大块珊瑚，获取里面的好东西。不管是刮擦还是啃咬，这一通操作下来，除了它们真正需要的部分外，鹦嘴鱼会吞下大量珊瑚的硬质骨骼。由于珊瑚的骨骼对鹦嘴鱼没什么用，嚼碎后会成为沙子一样的便便被排出。

珊瑚吃起来跟嚼石头差不多。如果你想尝试一下，就得做好一口好牙都被崩坏的准备。而鹦嘴鱼的牙齿可不是闹着玩儿的。它们的嘴里有约 1000 颗牙齿，排成 15 排。它们的牙齿由氟磷灰石构成，那是一种极度坚硬的矿物质。鹦嘴鱼跟鲨鱼很像——当它们的牙齿因啃咬珊瑚而磨损、脱落时，新的一排牙齿会替换这些受损脱落的牙齿。

不过，要想吃珊瑚，还真得有副好牙。为此，鹦嘴鱼还有另一组牙齿长在它们的咽喉处！这些咽喉齿的作用类似于胡椒研磨器，可以将珊瑚碎片磨成细沙。

鹦嘴鱼长了一堆牙齿，却没有胃。它们吃下去的所有东西被磨碎后会直接进入肠道。当这些混着沙的食物通过肠道时，海藻、珊瑚虫和细菌里的营养物质会被身体吸收。在结束肠道之旅后，漂亮的白沙就会被排出来。人们开心地玩着沙子，对其来源一无所知。

屁屁趣闻

鹦嘴鱼产出的沙子数量巨大。具体多少取决于鹦嘴鱼的体形和种类，一般来说，每条鹦嘴鱼每年能产 200 磅（约 90 千克）沙子，差不多每天能拉出 4 个网球的重量。有一种夏威夷鹦嘴鱼每年能产出 800 磅（约 363 千克）沙子，这相当于每年拉出了接近一匹马的重量的便便！

拉出沙子这项技能你觉得如何呢？你准备在屁屁争霸赛中如何评价鹦嘴鱼的屁屁呢？

😋 至尊屁屁　　😄 非凡屁屁　　😎 酷炫屁屁　　😕 常规屁屁　　😣 乏味屁屁

选手

9

双头屁精

选手简介

索诺兰珊瑚蛇!

体长: 13 英寸~24 英寸（约 33.0 厘米~61.0 厘米）

体重: 3 磅（约 1.4 千克）

分布范围: 美国亚利桑那州、新墨西哥州及墨西哥西部的岩石区

屁屁技能: 用屁屁吓跑敌人

索诺兰珊瑚蛇有毒，但它们并不好战，反而会用些花招智取敌人。其中一招便是把屁屁假装成头！

索诺兰珊瑚蛇跟生活在美国的其他珊瑚蛇一样，蛇身都有红、黄、黑三色的环状条纹。它们的头又圆又小，跟它们那圆钝的尾巴一般大。由于头尾是黑色的，加之眼睛小，长在头上都看不出来，所以很难分清哪边是头，哪边是尾。

在遇到危险时，索诺兰珊瑚蛇会盘起来，把头藏到身下，把尾巴立起、晃动，让尾巴看起来像头。如果就快被掠食者给吃掉了，损失一根尾巴总比掉了脑袋强吧？

但这还不是全部手段！索诺兰珊瑚蛇会用放屁来保护自己。它们把空气吸入屁屁，再挤出来，发出响声。对此，科学家有几种猜想：一种可能是它想让掠食者吓一跳，为自己争取时间逃跑；另一种可能是这种声响会将掠食者的注意力吸引到尾部，这样就会忽略埋在身下的头了。

屁能拓展。 由于索诺兰珊瑚蛇是爬行动物，就像菲茨罗伊河龟那样，它的屁屁上也有一个叫作泄殖腔的孔洞，用来排大小便和产卵。所以它们的放屁声音也有一个术语，叫"泄殖腔爆裂"。

这种蛇放屁的声音听着像人类尖细的屁声，于是有人把它们叫作"小屁精"。也有人说它们的放屁声像是撕布或是呲的声音。这种放屁声非常密集，每个屁声持续不到 0.2 秒，在 6 英尺（约 1.8 米）远都能听到。而且由于蛇排出的是刚吸入的空气而不是体内消化产生的气体，所以这种爆裂声可以重复多次。

屁屁趣闻

还有一种会进行防御性放屁的蛇，叫西部钩鼻蛇。它们生活的区域与索诺兰珊瑚蛇相同，于是科学家猜测这两种蛇都进化出这种强行放屁的技能也许是为了抵御同一种掠食者。西部钩鼻蛇似乎比索诺兰珊瑚蛇更热衷于使用这项技能，有人目睹它们通过放屁所获得的动力从地上弹起。

一个随时都能放屁的屁屁你觉得如何呢？你准备在屁屁争霸赛中如何评价索诺兰珊瑚蛇的屁屁呢？

😈 至尊屁屁　　😄 非凡屁屁　　😎 酷炫屁屁　　😕 常规屁屁　　😣 乏味屁屁

选手

10

屁屁酒店

选手简介

海参!

体长: 0.75 英寸~6.5 英尺(约 1.9 厘米~198.1 厘米)

体重: 0.88 磅~5.5 磅(约 0.4 千克~2.5 千克)

分布范围: 全球海洋海底

屁屁技能: 一个屁屁抵得上一把瑞士军刀

提起海参，实在有些不知从何说起，因为它们的屁屁做的奇事太多了。

我们就从一个熟悉的屁屁技能开始吧——用屁屁呼吸。没错，不止一种动物会用屁屁呼吸。跟菲茨罗伊河龟一样，海参将水泵入屁屁获取氧气。不过海参有一点跟菲茨罗伊河龟不一样——海参用屁屁呼吸是因为它们没有肺。海参拥有呼吸树，那是一种长在身体两侧拥有大量分枝的管道。海参用屁屁将水吸到呼吸树，水中的氧气穿过呼吸树的管道薄壁进入体内细胞。

科学家想知道，在海参用屁屁泵起的水中，那些**浮游生物**和其他东西究竟怎么样了。于是他们向海参喂食带有**放射性**物质的海藻以追踪食物在身体里的动向。要是这些海藻让海参有了超能力，那该多酷啊，不过虽然没有超能力，却由此发现了海参的另一项够酷的屁屁技能——它们用屁屁进食！大多数时候海参还是用嘴吃饭，但如果食物被屁屁吸入，就会通过呼吸树进入肠道。海参这么做也真是不浪费，对吧？

科学家在显微镜下观察海参的呼吸树时发现，上面有一些像手指一样的被叫作微绒毛的小突起。它们常见于肠道，协助海参吸收营养，这进一步证明了海参不仅会用嘴进食，还会通过屁屁进食。为了让这一能力听起来不那么恶心，更能让人接受，科学家决定将这一能力称作"双极进食"。

有些海参还拥有另一项屁屁技能——喷射器官。它们只有在感受到掠食者威胁时才会施展这项技能，而屁屁射出什么器官得看海参的种类。它们可能会射出部分肠子、呼吸树，或者生殖器官，以此来分散掠食者的注意力，让掠食者有东西吃，这样自己就能趁机溜掉。不过不用担心，海参的器官可以**再生**！根据被射出的器官的种类，海参需要 7~145 天重新长出器官。

要是用屁屁呼吸、进食、喷射器官都还不够稀奇，那海参还有一项屁屁技能——充当其他动物的"酒店"。一些蟹类、蛤蜊就喜欢住在海参屁屁里，不过最常见的房客还是身材细长的潜鱼。潜鱼利用海参通过屁屁呼吸的特点，在海参打开肛门时，顺势让自己住进舒适的新居。

大多数潜鱼只是利用海参让自己有个栖身之所。它们外出觅食，会紧跟着海参，以防遇到掠食者。但有些潜鱼是**寄生虫**。它们以海参体内的软组织为食，真是不客气！好在，被潜鱼吃掉的软组织都能再生。不过，海参大概还是希望潜鱼能另寻住处吧。

屁能拓展。更加匪夷所思的是，有些海参肛门上长了"牙齿"。这些肛门周围的"牙齿"看起来很吓人。科学家猜想这些"牙齿"是为了阻止那些不速之客。但考虑到还是有潜鱼溜了进去，科学家对其的防御性也不是太肯定。

屁屁趣闻

海参与鹦嘴鱼一样，也会排出沙子。不过它们不会像鹦嘴鱼那样制造沙滩。海参吃掉海底的海藻和废物时，总是会吃进大量沙子。它们把有用的东西消化掉，最后排出的沙子要比原先干净得多。它们的粪便能帮助珊瑚礁、海草和其他植物生长，从而改善海洋生态。

这么一个多功能屁屁你觉得如何呢？你准备在屁屁争霸赛中如何评价海参的屁屁呢？

😁 至尊屁屁　　😃 非凡屁屁　　😎 酷炫屁屁　　😗 常规屁屁　　😣 乏味屁屁

接下来，冠军是……？

显然，大自然富有幽默感。有了便便和放屁，屁屁本身就会让人觉得很搞笑，然而，大自然还决定赋予一些屁屁特殊的技能——用屁屁呼吸，用屁屁吃饭，用屁屁游泳，用屁屁说话，用屁屁御敌，用屁屁制造东西，用屁屁猎杀。

但是，有个问题还没有答案：这些动物之中，谁的屁屁最强呢？

我们一起来回顾一下各位选手：

屁墩墩
海牛

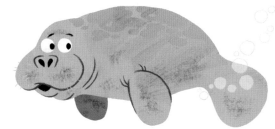

屁语者
鲱鱼

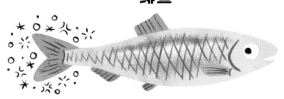

屁坚强
袋熊

屁炮手
射炮步甲

屁呼呼
菲茨罗伊河龟

屁屁射手
银斑弄蝶的幼虫

屁夺命
鳞蛉的幼虫

双头屁精
索诺兰珊瑚蛇

沙滩迷
鹦嘴鱼

屁屁酒店
海参

你一边读，一边评级，但现在你得选出唯一的优胜者。

你会选最有力量的屁屁？最危险的屁屁？还是能做各种事的屁屁呢？

又或许你会选让你觉得最搞笑的屁屁？

决定权在你。

现在，你要为"屁屁之王"加冕，这是你神圣的职责。

术语表

瓣膜：人或某些动物的器官里面可以开闭的膜状结构。

变态：动物在胚后发育过程中，形态结构和生活习性方面所出现的一系列显著的变化，例如某些昆虫（如蛾、蝶、蚊、蝇）的变态，由幼虫经蛹变为成虫。

放射性：某些不稳定的原子核，自发地放出粒子或 γ 射线，或在发生轨道电子俘获后放出 X 射线，或发生自发裂变的性质。

浮力：漂浮于流体表面或位于流体内部的物体所受的流体静压力的合力。

浮游生物：体形细小，缺乏或仅有微弱游动能力，受水流支配而移动的水生生物。

膈：人和哺乳动物分隔胸腔和腹腔的肌性结构。

寄生虫：寄生动物的统称，即依靠另一种生物而生活的动物。

酶：生物体产生的具有催化能力的蛋白质。

频率：单位时间内完成振动（或振荡）的次数或周数。

软骨：人和脊椎动物体内的略带弹性的坚韧组织，由软骨细胞、纤维和基质所构成，在机体内起着支持和保护的作用。

鳃：多数水生动物的呼吸器官。

珊瑚虫：腔肠动物门的一纲，单体或群体，终生水螅型。

有袋目：哺乳纲的一目，雌兽一般在腹部有一育儿袋。

幼虫：一般泛指由昆虫的卵孵化出来的幼体，但习惯上仅指完全变态类昆虫的幼体。

鱼鳔：软骨鱼类和少数硬骨鱼类体内的气囊，为辅助呼吸器官。

再生：机体的一部分在损坏、脱落或截除之后重新生成的过程。